2CV

Die Originalausgabe ist 2009 unter dem Titel
»Citroën 2 CV« bei Edizioni Gribaudo slr, Savigliano
erschienen.

ISBN 978-3-613-03125-8

1. Auflage 2009

Sie finden uns im Internet unter www.motorbuch-verlag.de

Ein Unternehmen der Paul Pietsch-Verlage GmbH & Co.

Text: Stefania Vairelli, Donato Nappo

Fotos: Citroën Communication archive, R.I.A.S.C. (Registro Italiano Auto Storiche, Citroën (R.I.A.S.C.) in Arezzo, und Citroën 2CV and Spin-offs Club (Beinette - CN, Italien).

Die teilweise geminderte Abbildungsqualität ist auf das Alter der Vorlagen zurückzuführen

Einbandgestaltung: Luis dos Santos

Die Übertragung ins Deutsche besorgte Ted Lemberger

Lektorat: Martin Gollnick
Innengestaltung: Ipa, 71665 Vaihingen/Enz
Druck und Bindung: Grafiche Busti,
Colognola ai Colli (VR)
Printed in Italy

STEFANIA VAIRELLI, DONATO NAPPO

2CV

Motor
buch
Verlag

INHALT

Vorwort

Flaminio Bertoni war seit den 1930er-Jahren bis in die 1960er-Jahre Designer bei Citroën. Er war der Überzeugung, dass Autos Trends setzen und nicht einem Trend folgen sollten. Es ist unbestritten, dass der 2CV diesem Anspruch unfassend gerecht wurde. Mit über 5 Millionen Autos, die zwischen 1948 und 1991 produziert wurden, deckte der 2CV eine Ära ab, die vom Zweiten Weltkrieg bis zum Fall der Berliner Mauer reicht und in der er diesem Anspruch immer gerecht wurde. Hervorgegangen aus den simplen Nutzfahrzeugen seit den ersten Prototypen im Jahre 1936, war der 2CV mit der Ei-Form eine vollendete Mischung aus Design und gezielt eingesetzter Technologie, zeitlos und einmalig in der Automobil-Industrie. Der 2CV war für reiche wie arme Jugendliche zur Institution geworden, genauso wie für Snobs und Intellektuelle, Traditionalisten und Revolutionäre – er verkörperte einen ganz bestimmten Lebensstil.

Der 2CV behielt immer den gleichen kessen Schwung, der ihn zu dem Auto machte, das am häufigsten die Erde umrundet hat. Heute ist er Mittelpunkt unzähliger Clubs, die Tausende von Enthusiasten anziehen.

Walter Brugnotti
Ehemaliger PR-und Presse-Direktor
von Citroën Italien

DIE GEBURTSSTUNDE DES 2CV: DER TPV (TOUTE PETIT VOITURE)

Die 30er-Jahre begannen in Europa und in den Vereinigten Staaten mit einer Phase der Innovation und des Experimentierens. Was wirklich fehlte, waren neue Autos, die in der Lage waren, die alten Modelle der 20er-Jahre zu ersetzen. Die neuen sollten vor allem den Anforderungen an ein robustes Transportmittel gerecht werden, einfach zu handhaben sein und für jedermann erschwinglich. In den 30er-Jahren hatten sich die Bedürfnisse der Käufer gewandelt: Sie wollten Autos haben, welche die gewohnte Funktionalität mit Qualität und Ästhetik kombinierten. Und so nahmen in Europa denn auch bald die ersten Entwürfe solcher Autos Gestalt an, obwohl man hier noch auf »Design-Schmieden« verzichten musste, wie es sie im Amerika jener Tage bereits gab.

Die Italiener waren die ersten, die sich in dieser neuen Szene hervortaten: Pinin Farina und Flami-

Werbung aus den 20er-Jahren für den Citroën 8CV »Petite Rosalie«.

nio Bertoni. Schnell wurden sie in Europa und in den Staaten bekannt. Die größte Neuerung kam jedoch aus Frankreich, von Citroën.
Die Innovationen, die in dieser besonderen Periode eingeführt wurden, waren in erster Linie das Ergebnis von Studien in Bezug auf die Aerodynamik und dienten der Verringerung des Luft-Widerstands, dessen Maß heute als c_W-Wert bekannt ist. Weitere Schwerpunkte der fortschreitenden Entwicklungen lagen in einer drastischen Reduzierung des Brennstoffverbrauchs und den Bestrebungen, Autos zu bauen, die leicht, einfach und robust waren.
Die Idee zum 2CV kam von Pierre Boulanger, Generaldirektor von Citroën, der 1936 in kluger Voraussicht plante, ein populäres Auto mit kleiner Zylinder-Kapazität zu bauen, das dennoch bequem sein und wenig Sprit verbrauchen sollte.

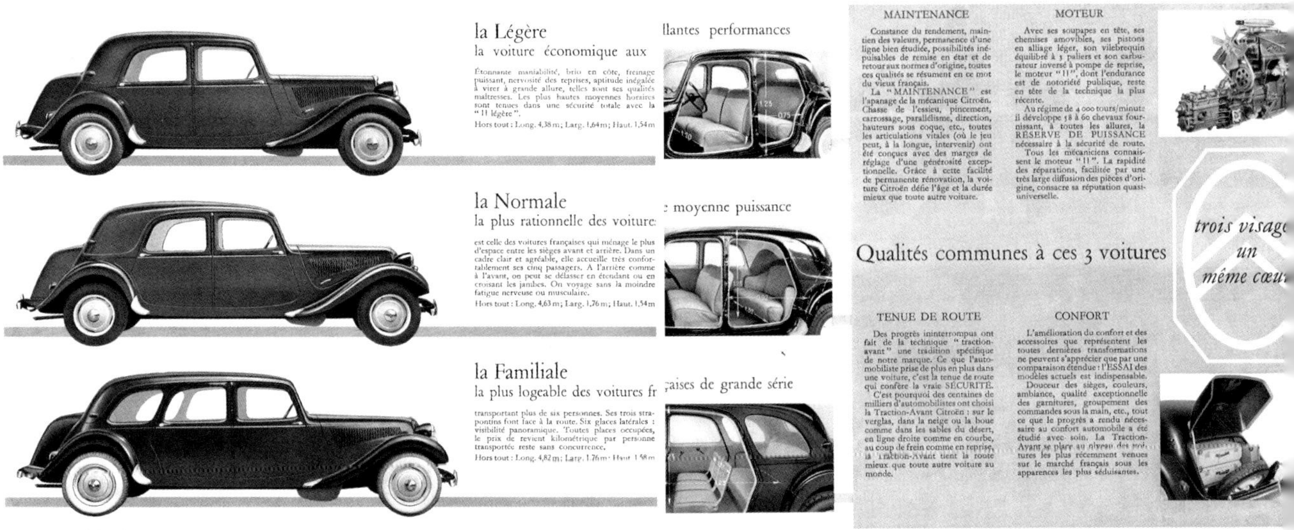

la Légère
la voiture économique aux llantes performances

Étonnante maniabilité, brio en côte, freinage puissant, nervosité des reprises, aptitude inégalée à virer à grande allure, telles sont ses qualités maîtresses. Les plus hautes moyennes horaires sont tenues dans une sécurité totale avec la "11 légère".

Hors tout : Long. 4,38 m ; Larg. 1,64 m ; Haut. 1,54 m

la Normale
la plus rationnelle des voiture: moyenne puissance

est celle des voitures françaises qui ménage le plus d'espace entre les sièges avant et arrière. Dans un cadre clair et agréable, elle accueille très confortablement ses cinq passagers. A l'arrière comme à l'avant, on peut se délasser en étendant ou en croisant les jambes. On voyage sans la moindre fatigue nerveuse ou musculaire.

Hors tout : Long. 4,63 m ; Larg. 1,76 m ; Haut. 1,54 m

la Familiale
la plus logeable des voitures fr çaises de grande série

transportant plus de six personnes. Ses trois strapontins font face à la route. Six glaces latérales : visibilité panoramique. Toutes places occupées, le prix de revient kilométrique par personne transportée reste sans concurrence.

Hors tout : Long. 4,82 m ; Larg. 1,76 m ; Haut. 1,58 m

MAINTENANCE

Constance du rendement, maintien des valeurs, permanence d'une ligne bien étudiée, possibilités inépuisables de remise en état et de retour aux normes d'origine, toutes ces qualités se résument en ce mot du vieux français.

La "MAINTENANCE" est l'apanage de la mécanique Citroën. Chasse de l'essieu, pincement, carrossage, parallélisme, direction, hauteurs sous coque, etc., toutes les articulations vitales (où le jeu peut, à la longue, intervenir) ont été conçues avec des marges de réglage d'une générosité exceptionnelle. Grâce à cette facilité de permanente rénovation, la voiture Citroën défie l'âge et la durée mieux que toute autre voiture.

MOTEUR

Avec ses soupapes en tête, ses chemises amovibles, ses pistons en alliage léger, son vilebrequin équilibré à 3 paliers et son carburateur inversé à pompe de reprise, le moteur "11", dont l'endurance est de notoriété publique, reste en tête de la technique la plus récente.

Au régime de 4 000 tours/minute il développe 58 à 60 chevaux fournissant, à toutes les allures, la RÉSERVE DE PUISSANCE nécessaire à la sécurité de route.

Tous les mécaniciens connaissent le moteur "11". La rapidité des réparations, facilitée par une très large diffusion des pièces d'origine, consacre sa réputation quasi-universelle.

Qualités communes à ces 3 voitures

trois visage
un
même cœu

TENUE DE ROUTE

Des progrès ininterrompus ont fait de la technique "traction-avant" une tradition spécifique de notre marque. Ce que l'automobiliste prise de plus en plus dans une voiture, c'est la tenue de route qui confère la vraie SÉCURITÉ.

C'est pourquoi des centaines de milliers d'automobilistes ont choisi la Traction-Avant Citroën : sur le verglas, dans la neige ou la boue comme dans les sables du désert, en ligne droite comme en courbe, au coup de frein comme en reprise, la Traction-Avant tient la route mieux que toute autre voiture au monde.

CONFORT

L'amélioration du confort et des accessoires que représentent les toutes dernières transformations ne peuvent s'apprécier que par une comparaison étendue : l'ESSAI des modèles actuels est indispensable.

Douceur des sièges, couleurs, ambiance, qualité exceptionnelle des garnitures, groupement des commandes sous la main, etc., tout ce que le progrès a rendu nécessaire au confort automobile a été étudié avec soin. La Traction-Avant se place au niveau des voitures les plus récemment venues sur le marché français sous les apparences les plus séduisantes.

Prospekt aus den 50er-Jahren. Der Traction Avant, der von Flaminio Bertoni entworfen worden war, war ein revolutionäres Auto mit Vorderradantrieb, Hydraulikbremsen und einem Vierzylinder-Motor.

la Légère
la Normale
11
Traction Avant
CITROËN
la Familiale

2087-DR75

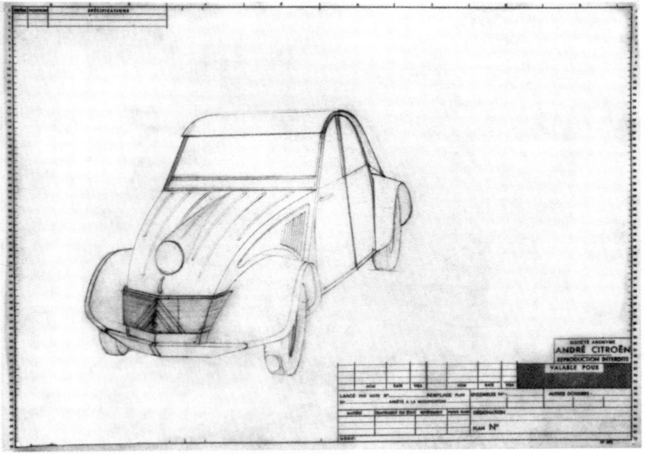

Das Projekt hieß TPV (Toute Petite Voiture – ganz kleines Auto), später wurde es 2CV (2 PS) genannt.

Die Anweisung von Boulanger war präzise, und im Laufe der Zeit gab es eine erste Art von »Lastenheft« für den 2CV: Das Auto sollte vier Fahrgäste aufnehmen, drei Liter Benzin auf 100 km verbrauchen, 50 kg Kartoffeln oder einen Glasballon Wein transportieren, mit einer maximalen Geschwindigkeit von 60 km/h fahren, auch von Frauen gefahren werden können, und auf dem Rücksitz sollte ein Korb mit Eiern die Fahrt überstehen, ohne zu zerbrechen.

Pierre Boulanger stellte sich einen Viersitzer vor, der die Insassen lediglich vor Feuchtigkeit und Staub schützen sollte, also eine Art »Fahrrad mit vier Sitzen und vier Rädern unter einem Schirm«.

Der TPV sollte ein robustes Auto sein und 50.000

Gemeinsam mit den Designern Flaminio Bertoni und Paul Mages schuf André Lefèbvre (links) für Citroën vier der ausgefallensten Fahrzeuge des 20. Jahrhunderts: Traction Avant, 2CV, DS und HY. Pierre Boulanger (unten) testete jeden Prototyp persönlich. Er musste ins Fahrzeug mit seinem Bowler-Hut einsteigen können, ohne dass dieser herunterfiel.

Kilometer ohne Reparatur und Austausch von Ersatzteilen laufen. Die Käufer sollten für Reparaturen nicht mehr als 10 Francs ausgeben müssen, sie sollten schlicht eine tadellose Qualität zu einem erschwinglichen Preis erhalten. Die Ausstattung des Fahrzeuginnenraums hingegen sollte sich auf ein Minimum beschränken. Der Slogan war: »Leichtheit und Innovation«.

Mit dem Bau eines Autos, das diese Vorgaben erfüllte, betraute Boulanger zwei Veteranen, die schon »erprobt und getestet« waren: André Lefèbvre, der sich um die Technik kümmern sollte, und Flaminio Bertoni, der für das Design zuständig war. Die beiden hatten mit dem Avant Traction bereits 1934 ein sehr erfolgreiches Auto für Citroën konstruiert, das sowohl in seinem Stil als auch in seiner Aerodynamik revolutionär war. Gemeinsam entwarfen sie nun quasi über Nacht die neue Linie des 2CV.

Zwischen 1937 und 1939 wurden etwa 250 Prototypen gebaut, der erste, der 1937 das Licht der Welt erblickte, hatte versuchsweise den 500 Kubikzentimeter großen Boxermotor eines Motorrades, doch die Konstrukteure bevorzugten einen wassergekühlten Zweizylinder. Das Auto besaß einen Vorderradantrieb, gestartet wurde es mit einer Kurbel. Das Konzept des »Leichtbaus« wurde konsequent umgesetzt und zeitigte eine Reihe bis dato einmaliger Lösungen, so zum Beispiel die Verwendung leichter Legierungen für einige Karosserieteile, Rücklehnen aus Segeltuch (die an der Dachstrebe mit Schrauben befestigt waren) oder die Verwendung von Stoff für das Dach, das sich von der Windschutzscheibe bis hinunter zum hinteren Kennzeichen öffnen ließ. Das Auto hatte einen einzelnen Front-Scheinwerfer und einen manuell zu betätigenden Scheibenwischer.

Auf dem Pariser Auto-Salon 1938 sollte das Auto der Öffentlichkeit vorgestellt werden, doch wurde die Veranstaltung wegen des Ausbruchs des Zweiten Weltkriegs abgesagt. Abrupt durchkreuzte der Krieg alle Pläne, Forschungsaktivitäten mussten eingestellt werden, Innovationen waren plötzlich auf ganz anderen Gebieten gefragt und die eigentlichen Ambitionen der Autobauer und Designer mussten auf Jahre hinaus hintangestellt werden. Die gesamte Automobilindustrie hatte sich jetzt mit den tragischen Ereignissen des Krieges auseinanderzusetzen und war gezwungen, ihre Fließbänder und Fabrikgebäude

Oben: André Citroën, der Gründer von Citroën, im Jahr 1919.

Rechts: Der TPV hatte nur einen Scheinwerfer auf der linken Seite und nur einen manuell zu betätigenden Scheibenwischer.

umzurüsten, um Fahrzeuge wie Krankenwagen, Transporter, Busse, Militärjeeps und Motorräder produzieren zu können.

Die bereits fertiggestellten Prototypen wurden versteckt, einige wurden in Einzelteile zerlegt, andere zerstört, damit sie nicht in feindliche Hände fielen. Doch trotz des Verbots während der Kriegsjahre wurde weiter an der Entwicklung des TPV gearbeitet. Selbst während der Naziherrschaft kam die Forschungs- und Entwicklungstätigkeit nicht völlig zum Erliegen. 1946 war man schließlich so weit, dass mit den Testläufen begonnen werden konnte. Um das Projekt vorerst noch geheim halten zu können, kaufte Boulanger für die Versuchsfahrten ein Stück Land westlich von Paris, »la Ferté-Vidame«, das heute noch das Testzentrum von Citroën ist.

Es sollte noch bis zum Pariser Auto-Salon im Jahr 1948 dauern, bis der 2CV schließlich der Öffentlichkeit vorgestellt werden konnte.

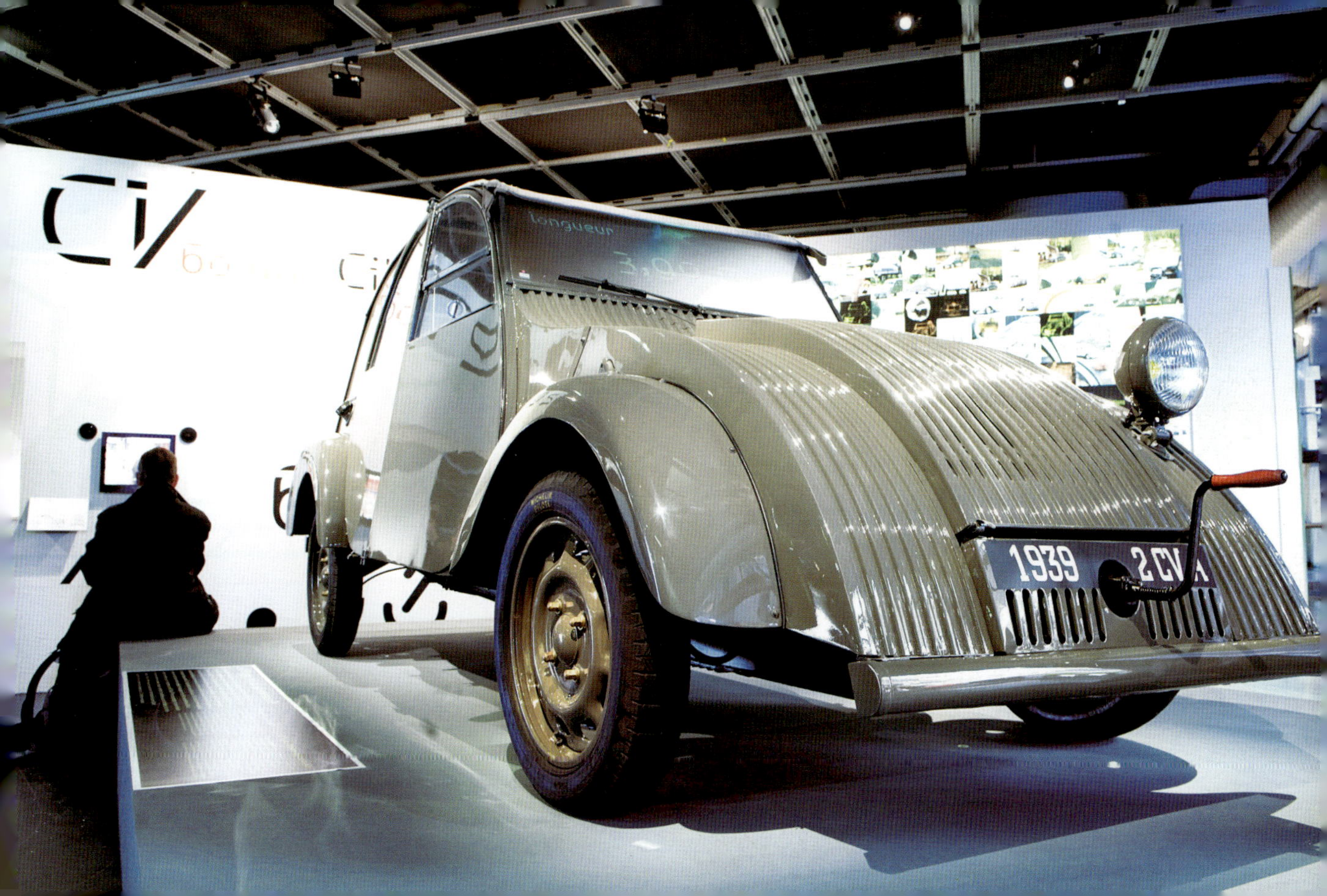
1939
longueur

1997 fand man drei Versuchsfahrzeuge, die in der oberen Etage eines Lagerhauses fast sechs Jahrzehnte lang einsam und verlassen auf ihre Wiederentdeckung warten mussten.

CN 66006

1948

790 W 1

Das Auto wog nur 400 Kilogramm. Die Kotflügel und die Haube waren aus Leichtmetall gefertigt, die Räder aus Magnesium, das Verdeck und der Kofferraumdeckel bestanden aus Stoff.

Vorstellung auf dem Pariser Auto-Salon im Jahr 1948. Die Motorhaube des 2CV war für die Präsentation versiegelt worden, damit niemand den Motor sehen konnte.

CITROËN
27

1948: DIE PRÄSENTATION AUF DEM PARISER AUTO-SALON

Dieses Auto war unglaublich vielseitig. Es war für jeden Berufsstand (vom Bäcker bis zum Landpfarrer) geeignet und hatte großen Erfolg bei den Frauen.

Briefmarke aus Gabun anlässlich des 100. Geburtstages von André Citroën (unten).

Bei seinem ersten öffentlichen Auftritt am 7. Oktober 1948 rief der TPV, der in dieser Zeit den Namen 2CV erhielt, allgemeine Verwunderung in der Öffentlichkeit hervor. Seine Design war eine Revolution im Vergleich zu allem, was man bisher gesehen hatte. Die 1948er-Version des TPV hatte im Vergleich zum TPV von 1938 viele Veränderungen erfahren, insbesondere bei der Auswahl der Materialien, die verwendet wurden. Die Seitenteile des Chassis des neuen TPV waren aus Magnesium und Aluminium gefertigt. Dies machte das Auto natürlich teurer, und das, obwohl ein günstiger Preis im Lastenheft ganz oben auf der Liste gestanden hatte.

Bei der Präsentation des 2 CV gab das Werk folgende Daten für den Wagen bekannt:

Abmessungen: Länge 378 cm, Breite 148 cm, Höhe 160 cm, Radstand 240 cm, Spurweite vorne und hinten 126 cm. Leergewicht (mit 5 Liter Benzin) 495 kg, zulässiges Gesamtgewicht 800 kg.

Tragendes Plattformchassis aus Stahlblech. Stahlblechkarosserie in Grau-Metallic mit Textilrolldach; längsgeriffelte Motorhaube mit angesetzten Seitenteilen und integrierten Lüftungsschlitzen und zwei Stützen; Verriegelung

1950 2CVA

durch verschiebbaren Griff, trapezförmiger Kühlergrill mit großem, aufgesetztem Citroën-Emblem. Vorder- und Hintertüren an der B-Säule angeschlagen, nicht abschließbar; Gepäckraum ebenfalls vom Verdeck abgedeckt.
Innenausstattung: Mattgraue, streifenlose Sitzbezüge auf Rohrgestellrahmen; schwarzes Lenkrad. Seilzugbetätigung für den Anlasser.
Motor: Zweizylinder-Boxermotor, luftgekühlt, vorn längs eingebaut. Bohrung x Hub 60 x 62 mm, Hubraum 375 cm^3. Leistung 9 PS bei 3500/-min, Drehmoment 2 mkg bei 2000/min. Verdichtung 6,2 : 1. Ölfüllmenge 2 Liter. Fallstromvergaser Solex 22 ZACI, Zündzeitpunkt 6–8° vor OT (0,38 mm), Zündverteiler an der Stirnseite der Nockenwelle. Blechventilator mit 8 Flügeln.
Antrieb: Vollsynchronisiertes Vierganggetriebe mit Revolverschaltung. Übersetzung 3,875 (31:8 Zähne). Füllmenge 0,9 Liter. Vorderradantrieb über Gelenkwellen mit nadelgelagerten Kreuzgelenken.
Federung: Einzelradaufhängung mit Wechselwirkung zwischen Vorder- und Hinterrädern. Jeder Schwingarm ist mittels Schubstange mit einer

CITROEN
ISO
MASERATI
CISITALIA
MORETTI
ACCOSSATO
PRUA
PIRELLI
11 LARGA
CITRO
MILA

Spiralfeder verbunden, die in einem längs im Chassis elastisch aufgehängten Federtopf sitzt; jeweils Reibungsdämpfer an den Schwingarmlagern sowie Trägheitsdämpfer.

Lenkung: Zahnstange in Vorderachstraverse mit starrer Lenksäule aus lackiertem Rohr mit eingeschweißter Querspeiche. Lenkübersezung 1 : 14. Wendekreis: 10,5 Meter.

Fahrleistungen: Höchstgeschwindigkeit 65 km/h. Verbrauch: 4 bis 5 Liter auf 100 km, Tank: 20 Liter ohne Reserve. Tauchmessstab im Tankstutzen (bis 1969).

Als Preis wurden 185.000 alte französische Francs genannt.

Was aber wirklich jeden ins Staunen brachte, war das neue Aussehen des Wagens; vielen erschien es als regelrecht komisch, sodass er sogar Spott hervorrief.

1949 erhielt der 2CV einen 375-cm³-Motor und wurde bald darauf zum Symbol des Wiederaufbaus des Landes, das noch immer vom Krieg traumatisiert war. Er spiegelte gleichermaßen die Idee von Freiheit und von Funktionalität wider. Der Slogan, der von den Zeitungen der späten 40er-Jahre populär gemacht wurde, lautete:

A votre service

Les Citroënistes du monde entier sont accueillis par un réseau de mécaniciens expérimentés, bien approvisionnés en pièces détachées et tenus au courant des plus récentes méthodes de travail. A main-d'œuvre et fournitures comparables, les travaux de réparation seront toujours, sur une " CITROËN ", les moins chers et les plus rapides grâce, en particulier, aux " échanges-rénovation " d'organes mécaniques.

5 000 agents spécialisés

Links: Andrang auf dem Messestand der Firma Citroën auf dem Pariser Auto-Salon im Jahr 1950. Der 2CV ist die Sensation des Salons.

»Mehr als eine Maschine, ein Lebensgefühl«. Aufgrund der Tatsache, dass er robust, praktisch und billig im Unterhalt war, stiegen die Bestellungen beträchtlich und es begann eine Art »kollektiver Vernarrtheit«. Dieser plötzliche Erfolg brachte beträchtliche Produktionsverzögerungen mit sich. 1951 mussten alle, die das Auto bestellt hatten, jahrelang warten, bis es geliefert wurde. Grau war die einzige verfügbare Farbe, und dies blieb so bis zur Einführung des sogenannten »Eisblau« im Jahr 1959.

DIE 50ER-JAHRE: VON DER FOURGONETTE ZUM SAHARA

F-BBQ
1650·DY·75

Eine viertürige Karosserie mit Frontmotor und Vorderradantrieb. Der Preis des 2CV war unschlagbar: Er kostete 228.000 alte französische Francs, als er im September 1949 auf den Markt kam.
Die Nachfrage war enorm – die Autos mussten den Kunden nach einem Schlüssel zugeteilt werden, wobei kleine Gewerbetreibende bevorzugt behandelt wurden.

In den Fünfzigern gab es noch mal einen regelrechten Boom beim Absatz des 2CV; die Lieferzeit erhöhte sich auf sechs Jahre, die Produktion stieg von vier auf zwei- bis vierhundert Autos pro Tag. Dieser Umstand war auch auf den damals in ganz Europa herrschenden Rohstoffmangel zurückzuführen und hatte Verkaufseinschränkungen zur Folge. Die Fahrzeuge wurden dem Vertriebnach strikten Vorgaben zugeteilt, wobei nahezu 60 Prozent der Fertigung exportiert wurden. Zehn Prozent gingen an bestimmte Prioritätsgruppen und 30 Prozent kamen auf den französischen Markt. Zu den Prioritätsgruppen zählten Ärzte, Handelsvertreter, Handwerker und Landwirte. In einer Verkaufsanweisung an alle Konzessionäre teilte Citroën mit, an wen die ersten 2CV abzugeben wären: »...vorrangig an jene Kreise, die bei der Ausübung ihrer Arbeit darauf angewiesen sind, sich mit einem Auto zu bewegen, und für die ein herkömmliches Auto zu teuer im Verbrauch und Unterhalt ist«. Jeder Interessent hatte einen Fragebogen auszufüllen, der an die zentrale Verkaufsabteilung geschickt wurde, wo über die Vergabe der Fahrzeuge befunden wurde.
Das, was das neue Auto so attraktiv machte, war sein niedriger Preis (er lag bei der Hälfte dessen, was damals ein VW Käfer kostete), seine Vielseitigkeit, die gute Straßenlage und vor allem die niedrigen Unterhaltskosten.
Auf Grund dessen präsentierte Citroën 1950 auf dem Pariser Auto-Salon den 2CV Utility (2CV U)

POSTE A 18

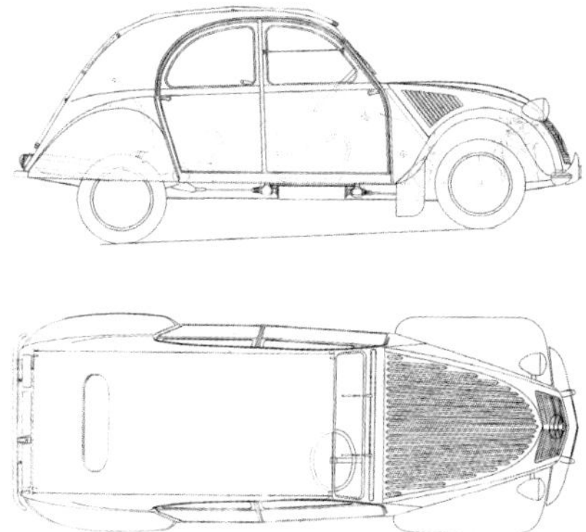

MICHELIN
MICHELIN
27.00-33
864·DB·63

und den 2CV Fourgonette, die dann im März 1951 auf den Markt kamen. Der Fourgonette hatte die gleiche Technik wie die 2CV-A-Limousine und auch den gleichen 375-cm^3-Zweizylinder-Boxermotor. Was wirklich neu war, war die Möglichkeit, eine Last von 250 Kilogramm zu transportieren. Die maximale Geschwindigkeit belief sich auf 60 km/h, aber es war mühsam, diese Geschwindigkeit auch tatsächlich zu erreichen, weil der dritte Gang schwierig zu schalten war, und so kroch man so manche Steigung mit 15 km/h hoch.
Die Entscheidung, den Fourgonette zu bauen, stellte sich als richtig heraus, wohl auch wegen einer Unternehmensstrategie, die auf Vielseitigkeit ausgerichtet war. Die Karosserie des Autos war nämlich so entworfen, dass sie eine Art »Plattform« darstellte, die so angepasst werden konnte, dass sie den Anforderungen der Kunden und ihrer unterschiedlichen Fracht gerecht werden konnte, trotzdem aber immer über die gleiche Technik verfügte. So gab es zum Beispiel unzählige Versionen von Fenstern mit verschiedenen Glassorten, es gab den Fourgonette als Pick-up-Version, verlängert oder erhöht, um nur

1953 entfiel der ovale Ring um das Firmenlogo auf dem Kühlergrill (vorausgehende Seiten). Das Citroën-Markenzeichen wurde von Flaminio Bertoni, dem Schöpfer des 2CV, entworfen. Bernard Citroën, Enkel von André Citroën, beteuerte: »Ohne die Mitwirkung von Bertoni hätte man nicht sicher sein können, dass das Markenzeichen auch nach dem Tod meines Großvater im Jahr 1935 weiterleben würde.«
Die Lieferfristen wurden durch eine hochgefahrene Produktion auf zwei Jahre verkürzt.

einige wenige Varianten aufzuzählen.
Den Citroën Belga gab es Ende der 50er-Jahre als zweifarbiges Wochenend-Modell zu kaufen mit gepolsterter Sitzbank und verstellbaren Rückfenstern, die größer gemacht werden konnten. In Frankreich wurde er mit dem Aufdruck PTT an die Post geliefert und schnell unentbehrlich für Briefträger und Frauen, die sich bis dahin nur mit einem Fahrrad fortbewegt hatten. Nach der französischen Post bestellten ihn auch die holländische Polizei, und der skandinavische Automobil-Club orderte ihn als Pannenfahrzeug für schneebedeckte und vereiste Straßen.
Im Lauf der Jahre erfuhr der 2CV kleine Änderungen und Verbesserungen. 1952 wurde das metallische Grau durch ein dunkleres Grau ersetzt, 1953 wurde das alte Firmenlogo mit der ovalen Umrandung auf dem Kühlergrill durch das inzwischen berühmte neue Firmenlogo ersetzt, das ohne Umrandung auskam. Der graue Stoffbezug der Sitze wurde abgelöst von einem karierten. Im Oktober 1954 kam eine neue Version der Limousine Typ AZ auf den Markt; der 375-cm³-Motor war durch einen stärkeren 425-cm³-Motor ersetzt worden, der es möglich machte, bis zu 70 km pro Stunde zu fahren. In dieser Zeit wurde auch der 2CV U (Fourgonette) vom 2CV AZU abgelöst, der den gleichen 425-cm³-Motor hatte.
Im Dezember 1956 erfolgte die Markteinführung der Luxus-Version des AZ, die AZL (AZ Luxus) hieß. Sie hatte Aluminium-Sicken auf der Haube, an den Türen unten und auf den Stoßstangen.

ırganeta AKS-400 bate todos los récords de la relación acidad-costo. Y así se convierte en la preferida de los necesitan moverse ágil y frecuentemente.

prisa y sin pausa. O incluso con prisa. Porque la -400 es un vehículo rápido de cargar y descargar. Sus puertas traseras se abren ıs del piso, facilitando operaciones. Y se abren que el espacio e coches pequeño.

Su modesto consumo siete litros cada cien kilómetros· no le impide cargar hasta 400 Kg. y llevarlos como en volandas por cualquier clase de camino.

La AKS-400 posee las mismas características que la AK-350 ~ en cuanto a motor. Pero la caja es más alta. También el hueco entre las puertas traseras es más amplio. Esto permite llevar, con más facilidad, objetos mayores.

AK-350. Para transportar más por menos dinero.

Cómoda de cargar y cómoda de conducir. Sus confortables asientos y su nuevo tablero de mandos son una deferencia al que conduce.

Es rápida de aparcar, también. 3,80 metros de longitud total que caben en cualquier hueco.

Y hablando de pesetas la AK-350 (junto con su hermana mayor la AKS-400) es la furgoneta más económica del mercado en cuanto al consumo y mantenimiento.

Por la robustez de su nuevo motor de 33 CV SAE, dispositivo antipolución, y por su moderado gasto carburante.

La furgoneta AK-350 admite una carga útil de 350 k tiene una capacidad de 2.100 dm³, perfectamente regul

Hay montones de exigencias que la AK-350 resuelve eficazmente que otros transportes mucho más costoso

Mehrere Modelle des 2CV Fourgonette.
Der Fourgonette wurde nie unmodern. Er wurde tatsächlich von 1950 bis 1980 produziert.

Links: Der Fourgonette AKS 400 (aus einer spanischen Werbebroschüre von 1974), ein Modell, bei dem das Karosseriedach erhöht wurde, um mehr Ladekapazität zu schaffen.

Zudem gab es ein Entfrostersystem für die Windschutzscheibe, ein einteiliges farbiges Überroll-Stoffdach und ein breiteres Rückfenster. 1958 war noch eine Version mit einem Kofferraum im Angebot: der 2CV AZLP. Im gleichen Jahr präsentierte Citroën den 2CV 4x4 Sahara. Die Idee zu diesem 4x4 kam von einem Händler, dem es gelang, einen Prototyp zu bekommen. Der Sahara hatte einen doppelten Motor mit 2 x 425 cm^3, einen vorn und einen im Kofferraum hinten. Er konnte dadurch eine Geschwindigkeit von mehr als 110 km pro Stunde erreichen, und man konnte ihn mit Frontantrieb, Hinterradantrieb oder Vierradantrieb fahren. Heutzutage ist diese Ente eine echte Rarität für Sammler, da nur eine begrenzte Stückzahl produziert worden war (nur 694 Fahrzeuge), bis man plötzlich im Jahr 1966 die Produktion einstellte.

Ab November 1959 gab es schließlich außer Grau noch eine neue Farbe: das sogenannte »Eisblau«. Zudem waren die 380-mm-Räder durch 400-mm-Räder ersetzt worden.

Oben:
Irgendwo in Südfrankreich – eine Dorfszene, zu der der Fourgonette dazugehört wie der Rotwein zum Baguette.

Rechte Seite:
Der große Erfolg des Fourgonette beruhte auch auf der Tatsache, dass er nicht nur in der Stadt, sondern auch Off-road gefahren werden konnte.
Deshalb wurde er von der französischen Post, der holländischen Straßen-Polizei und den skandinavischen Automobil-Klubs gefahren.

446951 AL

7941 KS75

Ein 2CV 4x4 Sahara von 1961, der mehr als 110 km/h fahren konnte.

Ein 2CV 4x4 Sahara von 1958, als er der Öffentlichkeit vorgestellt wurde. Er konnte mit Vorderrad-, Hinterrad- oder Vierradantrieb gefahren werden.

DIE 60ER-JAHRE: DIE GEBURT DER DYANE

VS·18421

2217-MC75

»Kein Auto, sondern ein Lebensgefühl«, das war der Slogan, der alles umfasste, was die Ente ausmachte. In den 1960ern wurden die 2CV mehr denn je zum Symbol eines Lebensstils, der auf den Träumen von der Freiheit der Jugend-Bewegungen in den 60er-Jahren und dem aufkommenden Feminismus basierte. Der Wunsch nach Befreiung nahm seine Anfänge bei überkommenen moralischen Verhaltensweisen, was wichtige sozialpolitische Folgen zeitigen sollte.

1961 wurden noch einige Details modifiziert, die zum guten Aussehen des 2CV beitrugen, wie es bis heute erhalten blieb. Da waren die fünf großen Sicken auf der Motorhaube, dazu kamen noch ein Kofferraumdeckel hinten, den es bis dahin nicht gegeben hatte, und später ein drittes Seitenfenster sowie verstärkte Fronttüren.

Wieder einmal gab es für den 2CV neue Farben: Panamagelb, Algengrün und Eisblau. Die Innenpolsterung wurde wahlweise in Braun oder Grün angeboten. Die Produktion des 375 cm³-Motors wurde eingestellt. Außer der bereits erwähnten neuen Fronthaube gab es auch neue Türgriffe. Beim »Luxe« war der Blinkhebel am Lenkrohr befestigt, es gab doppelte Sonnenblenden und die

Der 2CV AZAM von 1964. Er war das Spitzenmodell der Angebotspalette.

Fahrertüre hatten einen Kontaktschalter für die Innenraumbeleuchtung. Die Innenverkleidung bestand aus einer Filz-/Kunstlederbespannung, die Felgen wurden optisch mit verchromten Radkappen verziert, die mit einer 19er-Zentralschraube befestigt waren.
Die beiden Federtöpfe waren nun fest am Rahmen montiert, was eine geringere Kurvenneigung und ein etwas strafferes Fahrverhalten zur Folge hatte.
Im Februar 1963 sah man zum ersten Mal den AZAM (AZ Amélioré, was etwa so viel heißt wie »verbesserter AZ«) mit einem starken 425-cm³-Motor mit 18 PS und verbesserter Ausführung.
Ab September 1964 hatte der 2CV-Käufer die Wahl, seinen Wagen in Algarvengrün, Bleu Ardoise, Gris Rosé oder Gris Typhon zu bestellen. Die Frontscheibe bestand nun aus Sekurit. Beim AZA und AZAM führte man im Januar Befestigungspunkte für Sicherheitsgurte (Beckengurte) an den vorderen Sitzen ein – die Sitzgestelle wurden ebenfalls geändert. Im Juni 1964 wurden die ersten Wagen mit schlauchlosen Reifen der Standardgröße 125 x 380 ausgeliefert. Ab Dezember wurden entsprechend der gesetzlichen

Der 2CV AZAM von 1968 und 1967.

Bestimmungen die Vordertüren vorne angeschlagen. Ab 1965 gab es das dritte Seitenfenster über dem hinteren Kotflügel.
Im April 1966 wurde der 2CV AZAM durch den Export-2CV in noch luxuriöserer Ausführung ersetzt, der aber nur wenig Erfolg hatte und dem denn auch nur eine kurze Lebensdauer beschieden war, denn im selben Jahr kam ein neuer Citroën auf den Markt, wiederum eine Legende, die eine neue Ära einläutete: die Dyane.

Rechts: Der 2CV Export von 1967 mit zu öffnendem Dach in der noch luxuriöseren Version.

Der 2CV AZL von 1968 mit farbig abgesetztem Dach. Der AZL kam 1956 als Luxus-Version der Ente auf den Markt, mit einem breiteren Rückfenster, einem Entfrostersystem und dem einmaligen aufrollbaren, farbigen Verdeck.

Oben: Eine Citroën-Anzeige in der »Neuen Revue« 1969.

Rechts: Titelblatt der Zeitschrift »Les Chevrons« und ein Werbe-Plakat.

la liberté
la liberté !
la liberté !
la liberté !
la liberté !
la liberté !
1234·AB06
la liberté en 2cv

DIE 70ER-JAHRE: ZEIT DER RENNEN UND REISEN

Am Anfang der 1970er erfuhr die 2CV-Modellpalette durchgreifende Änderungen und wurde in zwei Kategorien unterteilt: der 2CV 4 mit seinem 435-cm^3-Motor leistete bei einer Verdichtung von 8,5 : 1 23 PS bei 6750/min – das stufte ihn in die versicherungsgünstige Klasse bis maximal 23 PS ein. Die Höchstgeschwindigkeit betrug 102 km/h, der Verbrauch war 5,4 Liter auf 100 Kilometer. Der 2CV 6 mit 602-cm^3-Motor und 28,5 PS bei 6750/min erreichte sogar eine Spitzengeschwindigkwit von 110 km/h. Sein Verbrauch wurde mit 6,1 Liter auf 100 Kilometer angegeben.
Alle übrigen Modelle wurden aus der Produktion genommen.
Beide Modelle wiesen eine Wechselstromlichtmaschine mit 12 Volt und 390 Watt auf. Der Kunststoffventilator hatte acht Flügel, es gab eine hängende Pedalerie, vorne runde Blinker, die hinteren Blinker saßen im Rückleuchtenblock. Die pneumatische Scheibenwaschanlage gehörte zum Standard, ebenso die per Handrad verstellbare Rückenlehne des Fahrersitzes. Durch eine geänderte Übersetzung war die Lenkung leichter zu betätigen. Ab März 1970 gingen Zweipunkt-Sicherheitsgurte in Serie. Ab Juni gab es geän-

CITROEN

6666-YM75

Der 2CV 6 von 1970.

derte Bremsleitungen. Ebenso hatten beide Modelle Rückfahrscheinwerfer (die gleichen wie beim Ami 6). Die beiden brachten den erhofften Neubeginn. Sogar vom ästhetischen Gesichtspunkt aus waren wichtige Änderungen durchgeführt worden: 1974 ersetzte ein Grill mit fünf plastischen Flügeln und einheitlichem Emblem den Aluminium-Grill, und die Scheinwerfer waren nicht mehr rund, sondern rechteckig. Der 2-CV 6 erhielt sogar ein gepolstertes Lenkrad.

1972 kam der 2CV Cross auf den Markt, eine Renn-Version des 2CV. Citroën organisierte ein Autorennen, das Pop Cross hieß. Das war der Anfang der französischen 2CV-Cross-Meisterschaft – ein Autorennen, das in vielen europäischen Ländern ausgetragen wurde. Trotz der Popularität entschied man sich 1978 bei Citroën, diese Rennen nicht weiter durchzuführen. Wie sich dann allerdings herausstellte, sind 2CV-Cross-Veranstaltungen noch heute ein riesiger Erfolg und sowohl bei den Teilnehmern als auch beim Publikum äußerst beliebt.

1975 erschien der 2CV Special, bei dem es sich quasi um eine »Sparversion« des 2CV 4 handelte.

Der 2CV 4 von 1974.

7812 - ZM75

Links: Der 2CV in einer Werbe-Broschüre von 1972.

Rechts: 2CV Special von 1979. Für den französischen Markt war er gelb, für die Schweiz rot lackiert.

Er besaß wieder die runden Scheinwerfer, verzichtete aber auf das dritte Seitenfenster, und seine hintere Stoßstange war kleiner geworden. Bei den Farben waren Gelb für Frankreich und Rot für die Schweiz angesagt. Die Produktion des 2CV 4 wurde 1979 eingestellt.

1976 erschien anlässlich des fünfmillionsten »Deuxcheveaux« in Frankreich das Sondermodell 2CV »Spot« (Spécial Orange Ténéré), das sich durch eine zweifarbige, weiß-orange Karosserie auszeichnete. Der Innenraum und die Kühlerhaube waren in den gleichen Farben, zusätzlich gab es Stoff-Markisen hinten. Lediglich 1800 Exemplare wurden davon gebaut, und die gingen weg wie warme Semmeln. Binnen einer Woche war das ganze Kontingent verkauft, obwohl sie immerhin 13.600 neue französische Francs kosteten.

Im März 1978 wurde die Fertigung der Lieferwagenversion »Fourgonette« (Kasten-Ente) eingestellt und durch die moderner geformte Acadiane ersetzt. Alle Modelle waren serienmäßig mit 3-Punkt-Sicherheitsgurten ausgestattet.

1979 wurde aus dem 2CV der 2CV 6 Club, und aus dem 2CV Special mit seinem 435-cm^3-Motor wurde der 2CV 6 Special mit einem 602-cm^3-Motor. Der »Club« war die erste Ente, die mehr als 7000 DM kostete. Ihr Preis ab Köln betrug 7390 DM.

Der 2CV überlebte alle Modeerscheinungen, passte sich an und bewies immer wieder, dass es möglich war, sich den neuen Anforderungen einer sich ständig verändernden Welt anzupassen. In den 70er-Jahren war der 2CV die Verkörperung von Freiheit, Selbstständigkeit und Unabhängigkeit, er war das Auto junger Leute auf der Suche nach Neuem, die die Symbole der Vergangenheit ohne Wehmut zurückließen und die Welt neu entdecken wollten. Um diese Bedürfnisse zu befriedigen, reagierte Citroën – wenn auch vorsichtig – auf die entsprechenden Wünsche der

Der 2CV Spot von 1976, das erste Sondermodell der Ente nach dem Sahara.
Die zweifarbige Karosserie war orange und weiß.
Der Kühlergrill war aus Plastik, die Scheinwerfer rechteckig.

759 ATL 75

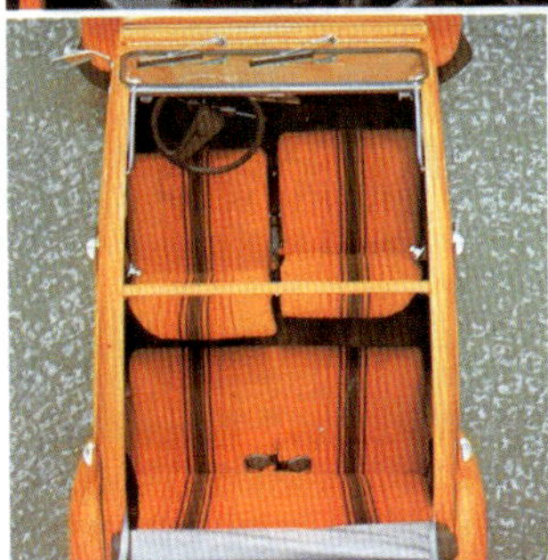

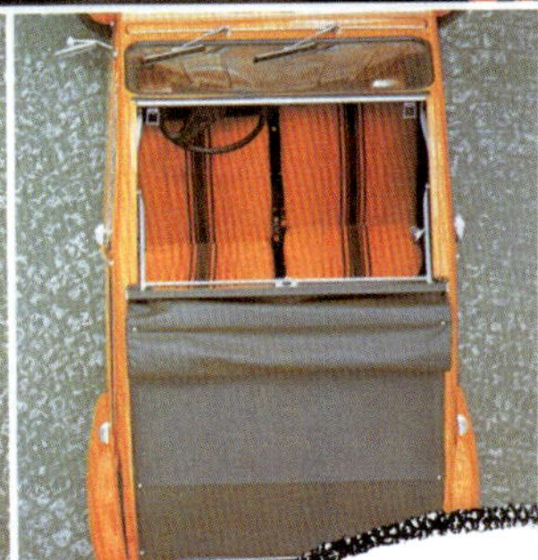

Waarom willen wij aandacht voor een auto die al lang een legende is? Om u in de gelegenheid te stellen hem opnieuw te ontdekken!

Zo is hij nog steeds even compleet met z'n vier deuren en is de 2CV nog steeds de goedkoopste wagen met open dak. Al naar gelang van de weersomstandigheden kunt u het dak op twee manieren openzetten: geheel of gedeeltelijk. Voor meer of minder zon.

Alles wat u bij u wilt hebben ligt in ruime dashboardvakken onder handbereik. Verwarming en luchtverversing zijn goed en gemakkelijk regelbaar. De kofferruimte kan flink worden vergroot doordat de achterbank uitneembaar is. En is dat niet genoeg? Dan kunt u het dak openen en de lading er bovenuit laten steken.

De 2CV neemt alles mee, nou ja, bijna alles. En die achterbank, die er zo gemakkelijk uit te halen is, is reuze comfortabel bij een picknick. De constructie van de carrosserie is erg modern; het zelf demonteren en monteren van onderdelen is een werkje van niets!

Öffentlichkeit und organisierte spektakuläre Rennen wie »Paris–Kaboul« (16.500 km in einem Monat), »Paris–Persepolis–Paris« (13.500 km – einer der teilnehmenden Wagen gehörte dem Hamburger Ehepaar Wernicke/Stenzel) oder die attraktive »Raid Afrique« (8000 km von Abidjan nach Tunesien in der Sahara), an der sich 60 Enten aller Variationen beteiliugten. Diese Extremveranstaltungen verlangten Mensch und Fahrzeug das Äußerste ab.
Hunderte von jungen Leuten nahmen mit ihren 2CV an diesen Rennen teil.

129
CIBIE

LUNA
SECURIT
TOTAL
CIBIE
4

Der 2CV Cross bei der Ralley Paris–Persepolis–Paris 1971. Über einen Monat waren die Fahrzeuge unterwegs und absolvierten alle Strapazen mit Bravour.

Der 2CV bei der Ralley Wembley–Mexiko
im Jahr 1970.

RALLY DE LA COPA DEL MUNDO
CIBIE
TOTAL

Die 2CV Dyane Cross in den Siebzigern.
Giorgio »ZacMan« Zacchetti, der italienische 2CV-Dyane-Cross-Pilot.

TOTAL
43
43

Links:
Der 2CV Cross bei der Durchquerung von Argentinien 1973.

Nächste Seite: Pop Cross von 1973. Französischer Comic über den 2CV Dyane Cross von 1973.

Unten:
Die Raid Afrique war im Jahr 1973 eine weitere Herausforderung engagierter Citroënisten.

RTL
106
CREDIT
AGRICOLE
95
RTL

DIE 80ER- UND 90ER-JAHRE: DIE LETZTEN MODELLE

216 CRU 75
261 CRU 75

Zwei 2CV 6 Club von 1980.
Das gleiche Modell mit unterschiedlichen Scheinwerfern.

Auf dem Pariser Automobil-Salon im Jahr 1980 wurde ein neues, besonderes Modell vorgestellt: der 2CV Charleston. Er hatte eine zweifarbige, schwarz-weinrote Karosserie und weiße Zierleisten. Die Charleston-Ente war ein Tribut an die 1930er-Jahre und den Tanz, der in dieser Zeit in Mode war. Die Charleston-Ente war mindestens so erfolgreich wie damals der Tanz, und die Produktion von lediglich 8000 Fahrzeugen reichte bei weitem nicht aus, um die große Nachfrage zu befriedigen. Deshalb erlebte der Charleston-2CV 1982 ein Revival und blieb in der Angebotspalette bis zum Produktionsende im Juli 1990. Danach kam ein neues Modell mit neuen Farbkombinationen auf den Markt: Schwarz-Gelb und Schwarz-Grau.

1982 wurde der James-Bond-Film »For Your Eyes Only« (In tödlicher Mission) gedreht. In diesem Film spielte die Ente eine wichtige Rolle – man sah die gut präparierte Ente des Geheimagenten 007 im Sprung quer über seine Verfolger. 700 gelbe Fahrzeuge mit dem legendären »007«-Logo auf den Seiten und künstlichen Einschusslöchern, verteilt über die ganze Karosserie, wurden produziert.

Gegen Aufpreis von 150 D-Mark erhielt man für den 2CV eine vergrößerte Heckklappe; sie war für alle Modelle lieferbar. In geöffneter Stellung wurde diese Klappe durch einen Aufstellbügel gehalten.

1985 kam das Modell Dolly auf den Markt, das mit seiner zweifarbigen Karosserie in Grau-Weiß,

Der 2CV 6 Club und der 2CV 6 Special von 1980 mit 602-cm³-Motor.
Es waren verbesserte Versionen des 2CV 6.

Rechts: Das Sondermodell 2CV Dolly.

DOLLY
DOLLY

1464

CITROËN
2CV6
342 DZE 75

Der 2CV Charleston von 1985, das berühmteste unter den Sondermodellen. Aufgrund der großen Nachfrage brachte es dieses Sonder- schließlich zum Standardmodell.

2CV6
CITROËN
342 DZE 75

CITROËN 2 CV 6 CHARLESTON

Grau-Gelb oder Grau-Rot und mit grauer Innenausstattung vor allem bei Frauen sehr beliebt war.
Zuerst wurden 3000 Fahrzeuge produziert, und diese waren nach kurzer Zeit bereits verkauft. In einem zweiten Produktionslauf liefen weitere 2000 Exemplare vom Band, die neue Farbkombinationen aufwiesen: Weiß-Rot, Weiß-Grün, Gelb-Weinrot und Gelb-Blau.
Ebenfalls 1985 präsentierte Citroën das Sondermodell Cocorico, mit dem der Europameisterschafts-Titel gefeiert werden sollte, den die französische Fußball-Nationalmannschaft im Jahr zuvor im eigenen Land errungen hatte. Der Cocorico hatte eine weiße Karosserie mit blauen Seitenteilen vorn und roten hinten. 1000 Fahrzeuge wurden für den französischen Markt produziert.
Der 2CV wurde immer komfortabler: 1987 erhielt er sogar einen Rückfahrscheinwerfer. In der Schweiz und Österreich traten neue Gesetze zum Schutz der Umwelt in Kraft. Nach dem 1. Oktober 1987 wurden hier nur noch Fahrzeuge zugelassen, die einen Drei-Wege-Katalysator mit Lambdasonde besaßen – das war das Ende für den 2CV in diesen Ländern.

007
2CV 007
un numéro
très spécial

007
2CV 007
un numéro
très spécial
007

Das letzte Sondermodell, das 1988 vom Band lief, war der Perrier. Er war im Zusammenhang mit einer Werbekampagne der Mineralwasser-Firma entstanden, der er auch seinen Namen verdankte, hatte eine weiße Karosserie mit grünem Dach und grüner Innenausstattung. Es gab einen Minikühlschrank mit Platz für sechs Flaschen, auf dem Kofferraum prangte das Logo von Perrier. 1000 Exemplare wurden von diesem Sondermodell gebaut, die aber nur in Belgien und Luxemburg auf den Markt kamen.

Auch in den Vereinigten Staaten gab es 2CV-Liebhaber. Die Amerikaner nannten das kleine Auto aus Frankreich »ugly duckling« (hässliches Entlein), was aber nicht abwertend gemeint war. 1988 traf im Hafen von Huston, Texas, die erste Schiffsladung 2CV ein. Die Target Group USA hatte nach mehr als achtjährigem Ringen endlich die Importhürden überwunden und gedachte, monatlich eine Zahl von 300 Fahrzeugen einzuführen. Fabrikneue Komplettautos durften es jedoch wegen der scharfen Bestimmungen in puncto Sicherheit und Abgas-Emission nicht sein, denn diese für Neuwagen gültige Bestimmungen ließen sich mit einer Ente niemals erfüllen.

DERNIÈRE 2 CV

8563 KM 13

Die letzten 2CV liefen in Portugal am 27. Juli 1990 vom Fließband. Dorthin war die Produktion 1988 ausgelagert worden.

1988 wurde die Produktion des 2CV von Frankreich nach Portugal verlagert, wo sie dann am 27. Juli 1990 schließlich eingestellt wurde.
Die Gesamtproduktion von 1948 bis 1990 belief sich auf 3.868.634 Fahrzeuge; dazu kamen die 1.246.335 Fourgonette, was insgesamt 5.114.940 Autos macht. Auch fast 20 Jahre nach diesem schicksalhaften Tag hat der 2CV seinen eigenen Charme und seine Individualität behalten, was ihn einmalig und unvergleichlich macht, auch im Hinblick auf die neuen Auto-Generationen. Dies dankt er nicht zuletzt seinen zahllosen Fans, die am liebsten die ganze Welt umarmen möchten.
Die Ente hat alterslos ihre eigene Zeit überlebt und ist noch heute Sinnbild für Freiheit und Lebensfreude.
Genau wie in den sechziger Jahren, in denen Querdenker, Konsumverweigerer, Millionärstöchter, Gospelmusiker, Flohmarktprofis und Bänkelsänger genauso so zu den Käufern zählten wie Albert Camus und Jean-Paul Satre, die lieber Baguette aßen und die Marseillaise mitsummten, als Pumpernickel zu essen und den Defiliermarsch zu pfeifen.

LES AVENTURES DE LA 2 CV.

Après parachutage, le Capitaine Haddock constate l'excellent état de la 2 CV.

Les prisonniers reconnaissent le bruit familier de la 2 CV et, pour les libérer, le Capitaine Haddock trouve un autre usage à la manivelle.

La 2 CV passe là où les autres s'embourbent et "se régale" dans les virages serrés...

LA 2 CV, L'UNIQUE, N'EST PAS SEUL.

La 2 CV, c'est la voiture qui défie le temps, les conventions et les modes.

C'est une berline, quatre portes, qui offre beaucoup de place pour 4 personnes. Sa conception robuste et simple apporte la sécurité, la facilité de conduite ainsi que le confort d'une suspension originale. Pour toutes ces raisons, la 2 CV s'est imposée.

Grâce à sa traction avant et sa suspension unique en son genre, les roues s'accrochent à tous les revêtements et dans toutes les conditions, rendant la 2 CV particulièrement sûre par mauvais temps.

Sur les longues distances, vous pouvez voyager agréablement pendant des heures, la spacieuse

PAS D'EAU, PAS DE COURROIE DE VENTILATEUR, BESOIN DE RIEN !

Pas de durite, pas d'antigel, le moteur refroidi par air n'a pas d'eau qui puisse chauffer ou geler, ce qui diminue le risque de pannes.

Le moteur flat twin d'une grande simplicité mécanique est parfaitement équilibré.

Même à sa vitesse maximum, le moteur de la 2 CV ne fatigue pas, d'où la réputation d'endurance de cette voiture.

Une autre réputation : celle de sa suspension unique et ingénieuse qui offre un niveau de confort inégalé, même sur mauvais chemins.

Les freins avant à disque sont montés en sortie de boîte, une disposition originale qui réduit le poids non suspendu et améliore encore la tenue de route. Ils demandent peu d'entretien et leur position permet le changement des plaquettes sans démonter les roues.

Vorausgehende Seiten:
Französische Werbebroschüre mit dem Comic-Helden Tin-Tin für den 2CV von 1985.

Links:
Cover der LP von Claudio Baglioni »Gira che ti rigira amore bello« (1973), auf dem der Sänger mit seinem 2CV Camilla abgebildet ist.

Rechts:
Die Ente hat alterslos ihre eigene Zeit überlebt und ist noch heute Sinnbild für Freiheit und Lebensfreude.

8734 MD 92
3554 ME 92

EIN MYTHOS, DER VOM 2CV ABSTAMMT: DIE DYANE

770 AEK 75

Ein Kapitel, das in einem Buch über die Ente nicht fehlen darf, ist eines über die jüngere Schwester des 2CV, die Dyane. Obwohl es nicht gelang, mit ihr den gleichen wirtschaftlichen Erfolg wie mit dem 2CV zu erreichen, ist auch die Dyane zu einem regelrechten Symbol einer ganzen Ära und eines Lebensstils geworden.

Anfänglich war geplant, dass die Dyane den 2CV ersetzen sollte. Dies auch deshalb, weil 1964 Flaminio Bertoni starb und Robert Opron, sein Nachfolger bei Citroën, beschlossen hatte, eine modernere Design-Linie einzuführen. 1964 war das schlechteste Jahr für das französische Unternehmen, da die Verkaufszahlen des 2CV abstürzten. Bereits 1961 hatte Renault mit dem R4 ein Modell präsentiert, das Citroën seither massive Absatzeinbrüche bescherte.

Um die Krise zu überstehen, entschied Robert Opron, ein neues Auto zu bauen, das auf dem Citroën 2CV basieren, aber insgesamt moderner daherkommen und eine Mischung zwischen dem 2CV und dem Ami 6 (dem letzten Auto, das noch von Bertoni entworfen worden war) sein sollte.

Das Designer-Zentrum bei Citroën war jedoch mit Arbeit überlastet, da es schon die Aufgabe

Der Ami 6 wurde von Citroën von 1961 bis 1969 produziert. Er war das letzte Werk von Flaminio Bertoni.

Rechts: Ein Ami 6 bei einer Ausstellung, die Flaminio Bertoni gewidmet und im April/Mai 2008 in Lodi (Italien) zu sehen war.

2584 UK 75

hatte, den Ami 6 neu zu stylen. Aus diesem Grund vergab Pierre Bercot, der 1965 leitender Direktor bei Citroën war, die Aufgabe, das neue Auto zu entwerfen, an das Designzentrum von Panhard und Levassor, das erst kurz zuvor von Citroën erworben worden war.

Das 2CV-Modellprogramm war zu jener Zeit in Frankreich bereits auf ein einziges Modell zusammengestrichen worden: Nur noch die Variante AZL bildete quasi den Abschluss in Sachen Motorisierung nach unten. Für viele galt die neue Dyane deshalb als 2CV-Nachfolger, doch als echte Alternative versagte sie von Anfang an, selbst da, wo sie den 2CV zwischenzeitlich komplett ablöste (z. B. in Großbritannien). Entenliebhaber kritisierten vor allem die im Vergleich zum 2CV unglücklich modifizierte Optik der Dyane, die – von der großen Heckklappe einmal abgesehen – kaum höheren Nutzwert als das Original bot. So offensichtlich die Ähnlichkeit der Dyane zur Ente auch sein mag: Ihr größtes Manko blieb der ihr fehlende Charme. Hinzu kam, dass sich auch die technischen Innovationen in Grenzen hielten: Um Investitionen in das Werk Levallois möglichst gering zu halten, glich Citroën bei der Dyane neben der Motorausstattung auch die Maße des neuen Fahrzeuges exakt an die des 2CV an. Die Dyane konnte so auf den gleichen Bändern wie der 2CV produziert werden.

Die Designer von Panhard wurden den Anforderungen der Auftraggeber aber nicht gerecht. Das neue Auto sah dem Ami 6 zu ähnlich. Deshalb wurde Jacques Charreton von Citroën mit dem Design beauftragt. Dieser schuf die charakteristische »Schnauze« und das berühmte Heck der Dyane. Die konkaven Türen waren speziell so entworfen, um das Fahrgeräusch im Auto zu dämpfen und dadurch Kosten für schalldämpfende Materialien zu sparen. Charreton wollte quadratische Scheinwerfer, aber dies erwies sich als zu teuer. So wurde jeder der beiden runden Scheinwerfer in eine quadratische Chromhalterung gesetzt. Das Armaturenbrett wurde von Henry Dargent entworfen und später auch im Ami 8 wieder verwendet. So entstand der Citroën Dyane, mit der Technik des 2CV, aber in strengerer und modernerer Form.

Der Ursprung des Namens »Dyane« wird mit rein wirtschaftlichen Überlegungen von Panhard in Verbindung gebracht. Das Design-Zentrum hatte

2585 UK 75

alle Namen, die mit dem Buchstaben »D« anfangen, einschließlich Dyane, patentieren lassen. Citroën behielt den Namen bei mit dem Hinweis auf die mythologische Göttin Diana, die Herrin der Wälder, Hüterin der Jagd und Beschützerin der Frauen. Die Dyane war also wie der 2CV wieder ein Synonym für Freiheit und Unabhängigkeit, aber mit mehr Bezug auf das Feminine.

Die offizielle Präsentation erfolgte am 28. August 1967 auf dem Pariser Auto-Salon, und noch im selben Jahr kam das Auto auf den Markt. Trotz seines wirtschaftlichen Erfolges (die Dyane wurde fast 17 Jahre gebaut, bis 1984) konnte es den 2CV nie wirklich ersetzen, der noch sechs Jahre länger als seine jüngste »Schwester« gebaut wurde.

Die Dyane war das erste Fahrzeug, das einen 425-cm³-Motor mit – im Gegensatz zum 2CV – 18 PS bei 4750/min hatte. Sie war in zwei Versionen verfügbar, als Luxe (mit Sitzen wie im 2CV, Stahllenkrad und einem Ersatz-Reifen im Kofferraum) und als Comfort. Eine stärkere Variante war der D6 mit 602-cm³-Motor.

1969 verschwand die Dyane mit ihrem 425-cm³-Motor wieder von der Bildfläche, von nun an war

LA VITA PRIVATA DI
DYANE
edizione Speciale

IO SONO GENTILE E VOI SIETE I BENVENUTI A BORDO!
CIAO!
LUI BARBONE, LEI SORRIDENTE. SONO PIACEVOLI, SEMBRANO BUONI. DYANE LI ACCOGLIE CON GIOIA.
LA TUA AUTO E' UN GIOELLO!
E' VERO AMORE MIO!
PARIS
DYANE HA PIÙ D'UNA FRECCIA NEL SUO ARCO: CARICHI PIÙ ALTI DEL SUO TETTO, MAI AFFATICATA, VIVA E SICURA, LEI FILA VIA VELOCE.

1968, bei der Markteinführung der Dyane 6, veröffentlichte Citroën ein Comic von Michel Quarez. 2008, zu Feier des 40. Geburtstages der Dyane, wurde die Broschüre wieder zum Leben erweckt, überarbeitet und vom Centro Documentazione Storica Citroën Italia ins Italienische übersetzt.

Die Formen der Dyane waren im Vergleich zum 2CV viel moderner. Die Front-Scheinwerfer ragten nicht mehr aus der Karosserie heraus, sondern waren in quadratisch geformte Halterungen gebettet.

14

als Basis-Version die Dyane 4 im Angebot mit einem auf 435 cm³ vergrößerten Motor und die Dyane 6, die ab 1970 immerhin 32 PS leistete. Beide hatten sie noch ein drittes Seitenfenster bekommen, 1972 wurde – wiederum bei beiden – der Edelstahlgrill durch einen solchen aus Kunststoff ersetzt.
Diese Version der Dyane 4 wurde bis 1975 gebaut und die Dyane 6 bis 1983. Im Produktionszeitraum 1967 bis 1969 wurde die 425-cm³-Version in 57.118 Einheiten gebaut. Von 1968 bis 1975 liefen 165.840 Fahrzeuge als 435-cm³-Version vom Band. Die 602-cm³-Version erreichte von 1968 bis 1984 sogar 1.120.625 Exemplare.
1978 präsentierte Citroën als Ersatz für den 2CV Fourgonette, dessen Produktion eingestellt worden war, die Acadiane, eine Transporter-Version der Dyane. Sie war bei Händlern und Handwerkern sehr erfolgreich.
Das Dach des Autos hatte das Design des Fourgonette, die Karosserie stammte von der ersten Dyane-Limousine. Die Acadiane konnte maximal 480 kg laden, ihre Spitzengeschwindigkeit betrug 100 km pro Stunde. Sie wurde bis 1987 produziert.

Dyane 6

He aquí un coche para los que no quieren problemas de coche. Es duro como él solo. Va donde se le mande. Sólo necesita una parada cada 400 kms para repostar. Es ahorrativo hasta la exageración (6,1 litros a los 100). No le asustan las curvas. Ni secas, ni mojadas, ni heladas, ni arenosas. Su tracción delantera unida a la suspensión a interacción es un seguro de estabilidad. Nada de este mundo le altera. Ni las carreteras ni las crisis económicas. No se calienta por nada. Va refrigerado por aire. Por no pedir, no pide ni agua. Y es todo descapotable. Para que le entre el aire y el sol y la alegría de la vida.

Luego, dentro, se va bien. Los asientos son mullidos y la distribución de cada cosa completamente racional. El Dyane 6 es un coche para gente inteligente. O sea, encantadora.

CITROËN DYANE 6
Para gente encantadora.

FICHA TECNICA.

Motor.
4 tiempos, cilindrada, 602 cc (diámetro, 74, recorrido, 70). Dos cilindros horizontales opuestos.

Refrigeración.
Por aire, con radiador de aceite.

Potencia.
35 CV SAE a 5.550 r.p.m.
Potencia fiscal: 4,91 CV.
Par motor: 4,7 kg/m SAE a 3.500 r.p.m.

Caja de velocidades sincronizada.
4 velocidades hacia adelante y una atrás.

Transmisión.
Ruedas delanteras motrices (tracción delantera). Juntas homocinéticas dobles. Grupo cónico, 8 x 31. Embrague monodisco en seco.

Suspensión.
Resortes helicoidales de interacción longitudinal. Ruedas independientes. Dos batidores de inercia. Dos amortiguadores hidráulicos traseros y dos de fricción delanteros.

Frenos.
Hidráulicos, tambores traseros y delanteros en salida de diferencial. Superficie de frenado: 576 cm²

Dirección.
De cremallera (diámetro de giro entre aceras, 11,40 m.)

Electricidad.
Equipo de 12 V (alternador de 336 W). Batería, 25 Amp/h. Faros regulables en altura desde el interior.

Chasis.
Plataforma con largueros incorporados.

Carrocería.
Cinco puertas (portillón trasero con disposiciones de apertura). Techo descapotable (dos posiciones).

Neumáticos.
135-380. Rueda de repuesto bajo el capot.

Velocidad máxima.
120 km/h.

Consumo.
6,1 litros cada 100 km, normas DIN.

Capacidades.
Gasolina, 25 litros. Aceite motor, 2,5 litros. Aceite de caja de cambios 0,9 litros.

Opciones.
Embrague centrífugo. Techo rígido. Asientos tela. Pintura metalizada.

Capacidad del maletero.
280 dm³

Peso.
622 kg.

Dimensiones.
3,90 m de largo, 1,50 m de ancho y 1,54 m de alto.

Citroën se reserva el derecho de modificar, sin previo aviso, sus modelos.

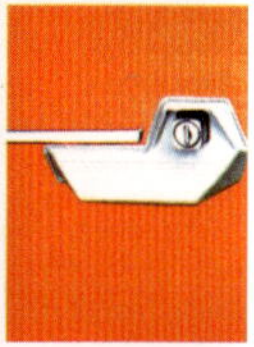

Auch von der Dyane gab es eine ganze Reihe an Sondermodellen; unter den erfolgreichsten waren zweifellos der Caban, der Capra und der Edelweiß.

Der Caban, dessen Stückzahl auf 1500 Autos limitiert war und den es bis 1977 zu kaufen gab, war von Serge Gevin entworfen worden und wurde in Forest/Belgien produziert. Der Motor kam von der Dyane 6 (602 cm³ und 32 PS), die einzig verfügbare Farbe war Blau mit weißen Verzierungen, ebenfalls in Weiß fand sich auf der Motor- und Kofferraumhaube und auf den vorderen Türen das Caban-Logo.

Das Dach war weiß, die Innenauskleidung in weiß und dunkelblau gehalten.

Citroën produzierte bis 1981 außerdem 600 Exemplare des Capra, die für den spanischen Markt bestimmt waren. Deren Hauptmerkmal war die Karosserie in zwei verschiedenen Tönen von Mimosen-Gelb mit einem schwarzen Rollover-Dach. Der Innenraum war in Schwarz-Weiß gehalten, der Motor war noch der gleiche wie bei der Dyane 6 (602 cm³ und 32 PS).

Vom Edelweiß, einem weiteren Modell speziell für den spanischen Markt, wurden bis 1981 ins-

770 AEK 75

LIVRAISONS

Oben:
Das Interieur der Dyane von 1975.

Rechts: Dyane von 1968.
Um Fahrgeräusche im Fahrerraum zu reduzieren und dennoch Kosten für die Schalldämmung zu sparen, wurden für die Karosserieseiten und die Türen konkave Bleche verwendet.

gesamt 750 Exemplare gebaut. Die einzige verfügbare Farbe war Metallisch-Blau, das Rollover-Dach war schwarz und mit Kreisen in Silbergrau versehen. Die Innenauskleidung war aus blauem Stoff, der Edelweiß hatte Schiebefenster hinten und ebenfalls wieder den gleichen Motor wie die Dyane 6 (602 cm^3 und 32 PS).

Obwohl es die Dyane nie schaffte, den 2CV abzulösen, war sie immer Vorreiter bei technischen Neuerungen. In Lizenz wurde die Dyane in Jugoslawien von Tomos und im Iran von SAIPA gebaut.

De 2CV, de Dyane en de Méhari zijn ieder op hun eigen manier ervaren.
Ze hebben ervaring opgedaan op alle mogelijke en onmogelijke wegen ter wereld. Hun luchtgekoelde motoren zijn even eenvoudig als doelmatig. Hun vering is buitengewoon soepel, zodat ze vrij zijn in hun bewegingen. Ze kunnen gaan en staan waar ze willen.
En hun carrosserieën zijn tijdloos, functioneel en karakteristiek. Het zijn wagens met een eigen gezicht. Praktische wagens die veel geven en weinig vragen. U kunt ze dan ook overal tegenkomen. Ze redden het overal. Altijd. En ze geven plezier. Ongecompliceerd rijgenot. Voor ongecompliceerde mensen. Die op de meest praktische manier daar willen komen waar ze wezen moeten.

DYANE 6

De Dyane 6 houdt net als zijn neefje, de 2CV, van avontuur, maar hij is wat pittiger en misschien een beetje meer compleet. Zo heeft hij o.a. schijfremmen vóór. Zoals altijd is hij verkrijgbaar in fraaie kleuren. De Dyane heeft in de voorportieren schuiframen en het dak, dat in twee standen open kan, is ideaal bij mooi weer.

De voorbank van de Dyane is verstelbaar. Naar keuze kan de Dyane ook geleverd worden met twee aparte, verschuifbare stoelen. De voornaamste bedieningsorganen liggen direct onder handbereik en zijn rond het zacht beklede stuurwiel gegroepeerd. Grote bergvakken zijn aangebracht in de voorportieren.

De kofferruimte is met de vijfde deur gemakkelijk bereikbaar. En er wordt geen onnodige ruimte ingenomen door het reservewiel, dat onder de motorkap is geplaatst. De achterbank bij de Dyane Commerciale kan worden neergeklapt zodat er een vlakke laadvloer ontstaat, waardoor de Dyane als het ware in een bestelwagen kan worden veranderd zonder dat dit afbreuk doet aan de elegance.

Linke und vorausgehende Seiten:
Holländische Ausgabe einer Werbebroschüre
mit dem 2CV, der Dyane 6 und dem Méhari.

Die Acadiane hatte den 2CV Fourgonette ersetzt, dessen Produktion 1978 eingestellt worden war.
Maximale Nutzlast war 480 kg, die Spitzengeschwindigkeit betrug 100 km pro Stunde. Die Acadiane wurde bis 1987 produziert.

Rechts:
Werbung für die Zigarettenmarke Gauloises (BAT) im Jahr 1984.
Ganz oben ist eine Acadiane mit Spezialaufbau zu sehen – diese wurde unter anderen als Preis in einem Gewinnspiel der Zigarettenfirma verlost.

KOMM HEITER WEITER MIT GAULOISES!

Diogenes-Ente

Tag + Nacht-Ente

5 einzigartige Autos zu gewinnen.

Hier sind die neuesten einzigartigen Individual-Mobile von Gauloises. Fünf vergnügliche Alternativen zum Massenangebot der internationalen Automobilproduktion. Gefährte mit Witz und Verstand, die das Autofahren zum heiteren Erlebnis machen. Wer heiter fährt, das ist erwiesen, fährt auch gescheiter, gelassener, menschlicher.
Die Gauloises-Mobile machen wieder die große Deutschland-Tournee. Sie sind in vielen Städten zu sehen. Und sie sind zu gewinnen. Machen Sie mit, wenn Sie heiter weiterkommen wollen. Jeder über 18 kann teilnehmen. Ausgenommen Mitarbeiter der Veranstalter. Rechtsweg ist ausgeschlossen.

Preisaufgabe

Bilden Sie aus den folgenden Wörtern Gegensatzpaare (zum Beispiel: schwarz – weiß). Schreiben Sie diese 5 Gegensatzpaare auf eine Postkarte und schicken Sie die Karte bis 8.8.1984 (Poststempel) an
Gauloises B,
Postfach 54 00 50,
2000 Hamburg 54.

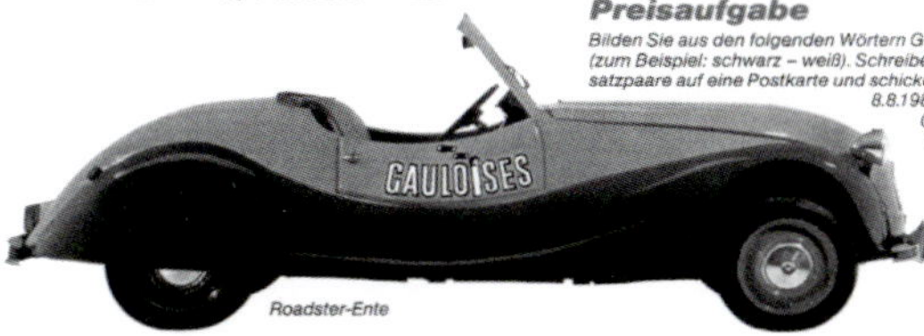
Roadster-Ente

Hier sind die Wörter:

gleitend, einfältig, fluchend, intelligent,
originell, stupide, lächelnd,
witzig, hetzend,
gewöhnlich.

Pick-up-Ente

1.–5. Preis:

Ein einzigartiges Gauloises-Mobil.

6.–333. Preis:

Eine ebenso praktische wie originelle Heiterkeit zum Weiterkommen.

11 CV-Familiale

146-401

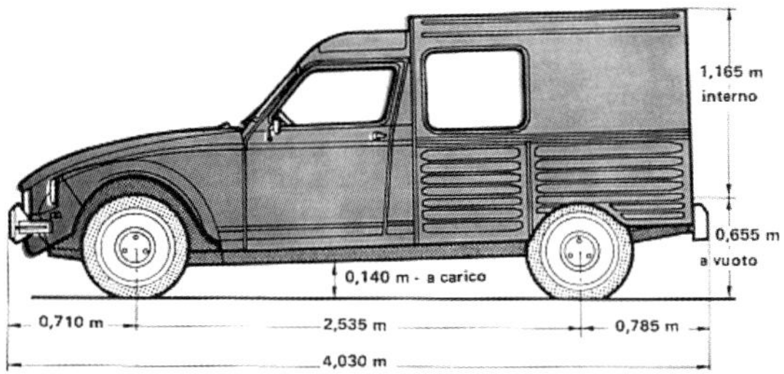

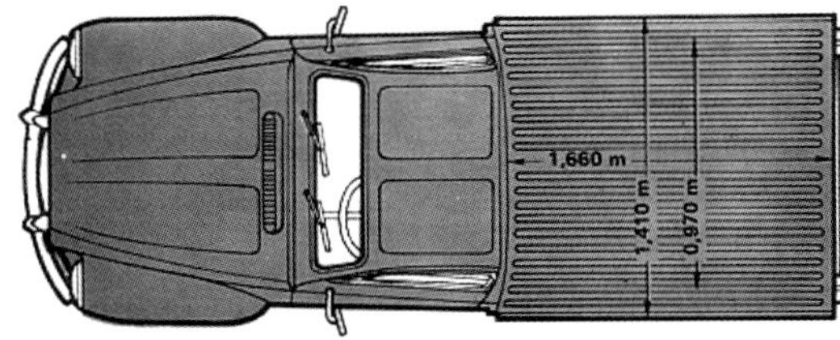

Oben: Die Acadiane wurde im spanischen Vigo produziert – sie wurde als Dyane 400 im spanischen Markt platziert. Als Mixta erschien sie in der viersitzigen Version.

Den Phantasien der Acadianebesitzer waren keine Grenzen gesetzt: Hier ein Schlafmobil mit Sonnenplattform auf dem Dach und einer angebauten Dusche – Freiheit pur.

2151 W 75
Dyane 6
CITROËN
TOTAL

2151 W 7

Vorhergehende Seite und links: Dyane Caban von 1977.

Oben: Das Modell Côte D'Azur von 1980.

FREIHEIT UND ABENTEUER: DER MÉHARI

264 BPG 75

1967 entwarf der Franzose Roland de la Poype, Eigentümer einer Fabrik, die synthetisches Material produzierte, eine Karosserie, mit der man seinerzeit schon erfolgreich auf dem nackten Chassis des 2CV Fourgonette experimentiert hatte. J.-L. Barrault überarbeitete dieses Design für eine farbige Kunststoff-Karosserie. So entstand auf der Basis des 2CV und der Dyane 6 der Méhari, ein offener Pick-up mit einer abklappbaren Windschutzscheibe und einem Stoffverdeck. Das war eine ganz neue Art von Auto, konzipiert für Freizeit und Camping, aber auch als Nutzfahrzeug einsetzbar.

Der Prototyp wurde Citroën präsentiert, und der Firmenchef Pierre Bercot entschied, das Fahrzeug zu produzieren. »Méhari«, die Bezeichnung für ein Renndromedar in Nordafrika, war als Name für dieses Fahrzeug ideal geeignet, die Begriffe Freiheit, Ausdauer und Zuverlässigkeit zu vermitteln. Chassis und Technik waren vom 2CV, der Motor stammte jedoch von der Dyane (602 cm^3, 33 PS). Die Karosserie war aus Kunststoff und daher besonders leicht, montiert wurde sie auf einem Chassis aus rostfreiem Stahl. Türen und Verdeck waren aus Stoff gefertigt. Das Fahrzeug

5211 VA75

Der Méhari wurde zum Symbol für ein perfektes Freizeit-Auto.
Die Kunststoff-Karosserie bleichte in der Sonne zwar aus, aber dafür konnte nicht einmal Salzwasser sie zum Rosten bringen.

hatte ein Vierganggetriebe, und es wurde serienmäßig ausschließlich in drei Farben geliefert: Rot, Beige und Grün.

Das Ergebnis war ein besonders spartanischer Viersitzer, der nach seiner offiziellen Präsentation auf dem Pariser Auto-Salon 1968 erstaunlich erfolgreich war.

Im folgenden Jahr wurden die Stofftüren teilweise in Kunststoff gefertigt und die Anzeigeinstrumente bekamen eine runde Form. Besonders zu erwähnen ist zunächst noch der Méhari 4 x 4, der mit seinem Siebengang-Getriebe und Allradantrieb für holperige Straßen und Off-road-Strecken besonders gut geeignet war. Der Allradwagen wies ein Getriebe mit sieben Vorwärtsgängen (4 normale und 3 untersetzte) sowie einen Rückwärtsgang mit Untersetzung auf. Er war mit einer Klauenkupplung an der Antriebswelle zu den Hinterrädern ausgestattet, ferner hatte er eine Differenzialsperre. Zwischen 1979 und 1983 wurden von diesem Wagen 1213 Exemplare gebaut. Sie erhielten in Deutschland – wie leider auch der normale Méharani – keine Zulassung, da man der Kunststoffkarosserie leichte Entflammbarkeit nachsagte. Ein Sondermodell

3 Service technique
TOTAL
TOTAL
TOTAL
TOTAL

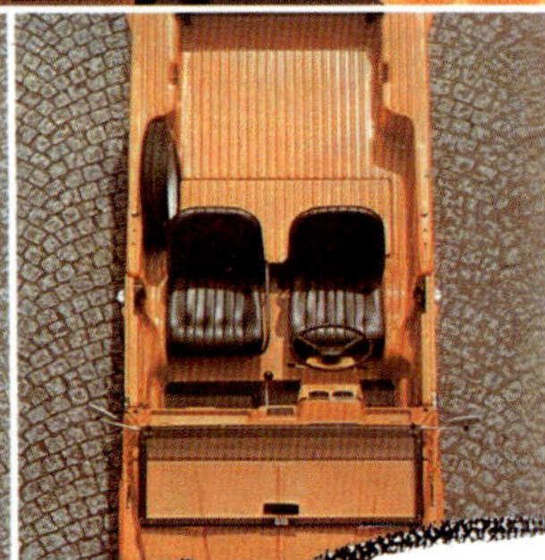

MEHARI

De Méhari is de meest vrijgevochten van de drie. Zo een die je overal tegenkomt, in en buiten de stad, op hobbelige wegen en op de snelweg. Overal voelt hij zich op zijn gemak.

Er zijn twee Méhari's: één met 2 x 2 zitplaatsen, waarvan de achterbank geheel kan worden neergeklapt en een besteluitvoering met twee zitplaatsen.

De carrosserie is gemaakt van kunststof, ABS, dat door en door gekleurd en krasvast is. Modder en stoffige klusjes verontrusten hem niet. Van binnen en van buiten kan hij schoongespoten worden. En er is altijd wel een reden om het dak open te maken of helemaal af te nemen: voor een buitengewone lading of buitengewoon mooi weer.

Door z'n vering en z'n grote wielen is hij opgewassen tegen slechte wegen en kunnen breekbare voorwerpen gemakkelijk vervoerd worden. De Méhari heeft een nieuw instrumentenpaneel gekregen en – wat meer is – een krachtiger motor met een dubbelpoorts carburateur, die een vermogen geeft van 21 kW ISO bij 5750 omwentelingen per minuut (29 pk DIN).

TECHNISCHE GEGEVENS	MEHARI
Motor	
Aantal cilinders	2 boxer
Cilinderinhoud in cm³	602
Boring x slag in mm	74 x 70
Compressieverhouding	8,5 : 1
Max. vermogen: ISO in kW (DIN in pk) bij tpm	21 (29) 5750
Max. koppel: ISO in Nm (DIN in mkg) bij tpm	3,8 (4,0) 3500
Koeling	lucht
Overbrenging	
Versnellingsbak	mechanische bediening
Aantal versnellingen	4 vooruit + achteruit
Pignon en kroonwiel	8 x 31
Koppeling	Enkelvoudige droge plaat
Besturing	
Type	tandheugel
Aantal omwentelingen stuurwiel van aanslag tot aanslag	3,25
Draaicirkelstraal tussen trottoirs in m	5,30
Draaicirkelstraal tussen muren in m	5,50
Remmen	voor: schijven naast de versnellingsbak
	achter: trommels in de wielen
	onafhankelijke hydraulische circuits voor en achter
Ophanging	4 onafhankelijke wielen – hydraulische schokbrekers
	vering voor en achter met hydraulische schroefveren
	Banden 135 –15X
Elektrische uitrusting	
Accu	12V · 125/25Ah
Wisselstroomdynamo	390W · 28A
Afmetingen	
Aantal zitplaatsen	2 + 2 (bestaat eveneens in 2 zits versie)
Inhoud van de bagageruimte in dm³ (neerklapbare achterbank)	2010
Gewichten (in kg)	
Rijklaar gewicht (exclusief bestuurder)	555
Totaal beladen gewicht	935
Nuttige belading	380
Max.aanhanggewicht zonder/met rem	270/400
Verbruiken (1 l per ..... km)	
Bij 90 km/h gestabiliseerde snelheid	14,4
Bij stadstraject	13,3
Inhoud benzinetank	25 liter
Prestaties (halfbeladen)	

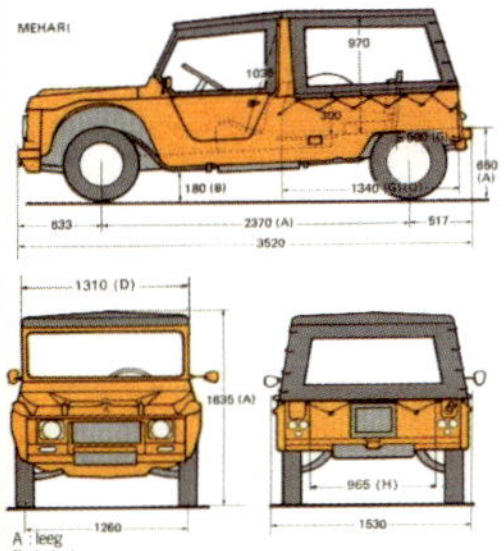

A : leeg
B : belast
D : breedte bovenzijde portieren
G : vloerlengte
H : klepopening

UITRUSTING	MEHARI
▢ serie ▢ extra	
Uitrusting van het instrumentenpaneel	
Laadstroomindicator	
Elektrische benzinestandmeter	
Remvloeistofpeilcontrolelicht met testknop	
Stadslichtcontrolelicht	
Grootlichtcontrolelicht	
Clignoteurcontrolelicht	
Motoroliedrukcontrolelicht	
Uitrusting voor het rijden	
Elektrische ruitewisser	
Elektrische ruitesproeier	
Neerklapbare voorruit	
In hoogte van binnenuit verstelbare koplampen	
Kinderbeveiliging op handrem	
Uitrusting voor het comfort	
Verdraaibare zijventilatieopeningen	
Neerklapbare achterbank (uitsluitend op het model 2 + 2)	
Afsluitbaar handschoenenkastje	
Complete kap met deurtjes	
Tweepunts veiligheidsgordels voor	
Asbak voor	
Gescheiden voorstoelen met zwart kunstleer	
Bestuurdersstoel in lengte verstelbaar	

Der Méhari 4 x 4 von 1979 mit Siebengang-Getriebe. Er fuhr nicht schneller als 100 km/h. Sollte Wasser durch das Stoffverdeck eindringen, konnte es am Boden des Fahrgastraums durch extra Löcher abfließen.

9535 RF30

war der Méhari Azur mit weiß-blauer Schnauze, der 1983 auf den Markt kam. Und schließlich gab es noch eine Spezialversion, den Méhari Armée, der ausschließlich für die französische Armee gebaut wurde und wegen seines geringen Gewichts und seiner Vielseitigkeit besonders geeignet war, Personen und Material auch abseits befestigter Straßen quer durchs Gelände zu transportieren.
Der Méhari wurde bis zum 30. Juni 1987 gebaut. Insgesamt liefen 144.950 Fahrzeuge vom Band.

Méhari AZUR
AZUR
CITROËN

603

ESCAPADEUCHE 2CV A LOUER 06.15.77.67.57
CLUB CASSIS
04
604
508 AYB 83
MEHARI
www.mehariclub.com
1102 VY 13
2CV CLUB CASSIS
5932 XY 69
606
ESCAPADEUCHE.COM

Namen und Spitznamen

Der Name 2CV leitete sich vom französischen Kfz-Steuersystem ab und steht für „Deux Chevaux Vapeur“ (frz. für »Dampfpferd«, der französischen Steuereinheit für Autos), wie dies auch bei vielen anderen französischen Modellen dieser Zeit üblich war. Insbesondere beim relativ schwach motorisierten 2CV wird oft fälschlicherweise angenommen, diese Werte bezögen sich direkt auf die Motorleistung und würden der heute gängigen Pferdestärke entsprechen. In die Cheval Vapeur fließen jedoch u. a. auch die Anzahl der Gänge, die Getriebeübersetzung und die Reifengröße mit ein.

Im deutschsprachigen Raum wurde das Modell zunächst umgangssprachlich »Ente« genannt. Mit hoher Wahrscheinlichkeit ist der Name Ente aus den Niederlanden übernommen worden, wo das Fahrzeug und auch ein Club bereits in den 1950er-Jahren, bevor der Import 1959 nach Deutschland begann, »de lelijke eend« (»das hässliche Entlein«) getauft waren. Sehr spät wurde der Ausdruck dann auch von Citroën in Deutschland selbst aufgegriffen. Hintergrund des Spitznamens »Ente« soll der Ausdruck »hässliches Entlein« sein, den ein niederländischer Journalist bereits 1948 beim ersten Anblick der 2CV-Karosserie verwendete. Dieser Ausdruck geht seinerseits zurück auf das gleichnamige Märchen von Hans Christian Andersen. Auch in anderen nordeuropäischen Sprachräumen hat der 2CV einen aus dieser niederländischen Wurzel abgeleiteten Namen bekommen, so z. B. »ugly duckling« im Englischen. Im Herkunftsland Frankreich wurde der Wagen statt »deux cheveaux« abgekürzt »deuche« oder »deux-pattes« (Doppel-Pfote) getauft. Von dieser Form ist in der Schweiz und den grenznahen Gebieten Deutschlands die Kurzform »Döschewo« als eingedeutschter Spitzname abgeleitet worden. In vielen Ländern wurde die direkte Übersetzung von »zwei Pferde« (deux chevaux) als Name gewählt, wie etwa in Spanien »dos caballos« oder in Italien »due cavalli«.

Quelle: Wikipedia.de

Internationale Treffen der 2CV-Fangemeinde

1975 Finnland
1977 Schweiz
1979 Dänemark
1981 Belgien
1983 Deutschland
1985 England
1987 Portugal
1989 Frankreich
1991 Schweiz
1993 Finnland
1995 Slovenien
1997 Holland
1999 Griechenland
2001 Österreich
2003 Italien
2005 Schottland
2007 Schweden
2009 Tschechien

2011 wird ein weiteres Treffen in Frankreich stattfinden.

Andere wichtige Veranstaltungen

Die »Rencontre Nationale« des *2CV-Clubs de France* findet jedes Jahr im Mai an einem anderen Ort in Frankreich statt.
Die »Eurocitro« findet alle drei Jahre auf der Rennstrecke von Le Mans in Frankreich statt.

2CV im Internet

Im Internet finden Sie zahlreiche Clubs, so zum Beispiel unter:
http://www.citroenchen.de/clubs.htm
http://www.yellys.ch/2cv/2cv-ch.html
http://www.2cvclub.lu

Die Autoren

Donato Nappo wurde 1970 in Salerno geboren. Er studierte am Politechnicum in Mailand Architektur und spezialisierte sich dann auf Industrie-Design an der Universität von Florenz. Er hat jahrelang als professioneller Designer in der Automobil-Industrie gearbeitet.

Stefania Vairelli wurde 1975 in Alessandria geboren. Sie studierte moderne Literatur mit Schwerpunkt Geschichte und Kunst an der Universität von Pavia. Sie arbeitet heute im Bereich Design und Kommunikation.

Photonachweis

© **Citroën Communication:** Seiten 9, 31, 35, 37, 40, 42-43, 45, 47, 49 (rechts und links), 56 (oben links, *unten links, unten rechts*), 57, 65, 66-67, 69, 70, 71, 72, 73, 74 (links), 75, 76-77, 78 (links und rechts), 79, 80 (rechts und links), 81 (rechts und links), 82, 87, 88, 89, 90 (rechts und links), 91, 92, 93, 94 (unten), 94-95, 97, 101, 102, 104-105, 106-107, 110, 113, 114, 116 (rechts und links), 133, 135, 148-149, 152, 153 (unten rechts), 153 (rechts, 154 (links), 155, 159 (rechts), 163, 164-165, 167, 172 (oben), 173, 178, 179 (oben), 180, 181, 183.
Seynes: Seiten 140 (rechts und links), 142, 143, 147 (links).
Roger Guyot: Seiten 20, 23, 84, 147 (rechts). **Leligny:** Seiten 119, 120 (oben), 120-121. **Nicolas Zwickel:** Vorsätze, **Seiten** 21, 36. **Delpire:** Seiten 53, 85.
Bernard Asset: Seite 126. **Beauvais:** Seite 153 (oben links). **F. Bertoni:** Seite 127.
Pierre Forget: Seite 123. **Guyot e Malard:** Seiten 124-125. **L. Lacoste:** Seite 117. **Patrick Legros:** Seite 184 (oben). **RSCG:** Seite 122.
P. Tourenne: Seite 99.

© **Citroën Italien:** Seiten 4, 7, 10, 11 (rechts und links), 14, 15 (rechts und links), 16 (rechts und links), 18, 19, 26 (oben rechts, oben links, unten rechtsi), 27, 28-29, 32-33, 33, 38, 39, 46, 50-51, 52, 55, 60-61, 64, 74 (rechts), 83, 103, 129, 136-137, 138, 150, 154 (rechts), 161, 168, 169 (rechts und links), 170, 171, 172 (unten), 176 (rechts und links), 177, 179 (unten).

Mit freundlicher Genehmigung von **Edwin Storm – www.storm.oldcarmanualproject.com:** Seiten 58, 59, 97, 100, 130, 131, 151, 156, 157, 158, 159 (links), 174, 175.
Niels Larsen: Seiten 12, 13, 41. **Steven Masson collection:** Seite 165. **Olivier Soustelle collection:** Seite 139 (links).

Mit freundlicher Genehmigung von **Centro Documentazione Storica Citroën:**
© **Guido Wilhelm** *(Album Vallelunga)*: Seiten 24, 25 , 118, 128, 146 (links).
© **Ilaria Paci** *(Album Mostra Flaminio Bertoni)*: Seiten 34, 139 (rechts).
© **Giorgio Zacchetti** *(Album Giorgio Zacchetti)*: Seiten 108 (oben rechts und links), 109, 146 (oben rechts).
© **Citroën Communication - Centro Documentazione Storica Citroën:** *Pop Cross 1973:* Seite 111
Album *La Vita Privata di Dyane:* Seiten 144-145.

© **Club Citroën 2CV e Derivate:** Seiten 63, 160, 162.